貓，請多指教

用最喵的方式愛你 ③

Jozy、春花媽／著

推薦序

動物溝通，讓我聽見珍貴的聲音

春花媽，又出書了！！！！　#覺得望塵莫及

這一年，我經歷了很多事情，污泥的惡性腫瘤爆發、手術、危險期、化療一直到最後的告別……。

每個階段我都在學習，不斷地學習。在這當中，春花媽一直是我的良師益友，雖然春花媽很兇又很愛罵髒話，但是每個髒話裡都是有溫度的（咦）。

動物溝通，一直是個有爭議的事情，相信的人，很珍惜這一切的過程以及禮物，不相信的人，總是可以一句話就推翻。其實，這都無所謂，只是我很想告訴你們，在與污泥一起抗戰的這八個月裡，動物溝通，是我很大的支柱。每個階段都很辛苦，尤其是在最後的告別。

透過動物溝通，我明白了生命逝去的過程，不是只有悲傷。這當中有太多太多孩子們珍貴的聲音，還有我們永遠學不來的勇氣，這些都是很值得被我們聽見的聲音啊！

這樣一本圖文形式的書、簡單的文字、有溫度的圖畫，傳達了孩子們單純的話語，歡迎一起來感受這單純的美好。

抗癌大帥帥汙泥的老目　邵庭

推薦序

讓毛孩陪伴我們久一點

第一次實際接觸動物溝通，是在家裡的狗狗來福年邁時，家母經朋友介紹，請了溝通師來了解狗狗當下的情緒和需求。原本也認為動物溝通是怪力亂神或冷讀術之類的技巧，但是當溝通師精確地說出來福特別的喜好，以及他與家裡貓咪的互動狀況後，我才明白，每個領域都有專家和騙子，我們必須謹慎地選擇。且就算身為不懂動物溝通的飼主，也可以去了解動物溝通的模式，在與溝通師接觸時才能更順利地進入狀況。

如春花媽所說：「溝通並不是叫他們聽話，而是了解和傾聽他們的聲音。」比方貓咪使壞、做了你不希望他們做的事情，有時候不是他們故意要犯錯，而是一種傳遞訊息的方式，在無法以言語傳遞的狀況下，我們更需要去理解並找出改善的方式，才能長久地一起生活。

這本書以很日常的方式呈現動物與人的對話和互動，相信每一個有毛孩子的讀者，或多或少都可以更理解自家的貓狗。而其中也不避諱談到離別、生病與死亡；身為一個在能力範圍內接貓的小中途，其實很羨慕春花媽能夠傾聽那些，已經不在身邊的貓咪們想說什麼、想要什麼。

學習與貓咪相處是一條沒有盡頭的漫漫長路，我們每天都在更了解他們一些、更愛他們一些。雖然有時被氣得哭笑不得，但在用力吸一口貓後，還是只有那句話：「貓，請多指教。」

五貓の御膳房／鏟屎官兼圖文作家 小咖飛

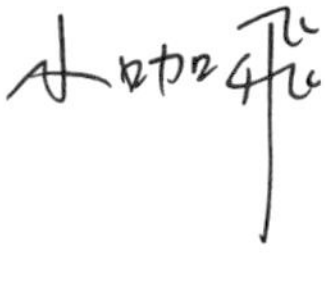

作者序

繼續做就對了！

「哥！哥！哥！第三本了，我跟畫家都快累死了！」

「你們不會死，繼續做好了！」

我也是一個驚呆，然後只好立刻修正自己不正確的信念，把漫畫的定位校準，然後又立刻請示哥！

「哥多老，畫家就畫多老！我們要做臺灣最長壽的貓狗漫畫，這樣好不好！」

「做就做，你廢話很多。」

春花真的是沒有一點廢話啊！

各位朋友（奴隸）們，你們的膝蓋還軟Q嗎？放飯的速度有沒有跟光速一樣快了！那鏟屎練到出神入化了嗎？下鏟不裂尿，拿屎不拿砂，練好了嗎？

如果你是多動物家庭，記得誰的屎你都要認得啊！

Jozy 畫我家已經兩年，從我家五貓變成六貓一狗，正式變成白甜公主與七貓矮人，我是迷人反派巫婆春花媽，預計這樣的組合基於童話要美好的下去，不會有任何增減，只有漫畫會增加，拜託繼續看下去！

我的新年希望是，我跟大海一起變聰明，看到漫畫的你，希望一起祝福我們！拜託！

動物溝通師

作者序

細心照護動物，也要記得想到自己

之前都笑春花媽，每次出書都會發現家裡動物數量又增加了，作者介紹又要改了，殊不知這次我也步入後塵，從一隻貓的奴才變成兩隻貓的開罐器……希望僅此為止，下不為例啊！

第三本《貓，請多指教》如願添加了許多照護相關的篇幅，還有關於貓咪對各種人類問題的想法。這些都是除了溫馨可愛的家庭生活外，我們很想呈現給各位讀者的內容。

動物溝通這件事，目的從來不是要動物更順從聽話，而是真正了解他們的需求，尊重他們的感受。當然，正確的照護知識也非常重要，生理和心理都健康，才能一起迎接更快樂、有品質的生活！（人也一樣，毛爸毛媽們也要記得照顧自己。）

謝謝翻閱這本書的你，謝謝出版社夥伴們的努力，讓這個系列可以延續，現在真的覺得書名取得很正確，因為貓一直在指教我們呢……。

畫家 Jozy

目錄

Chapter 2 貓咪照護參考

Chapter 3 那些貓兒的故事

登場角色

春花家

萌萌
長子，超級媽寶。
弟控
媽寶
師
令
命
妹
妹
春花
老二，嚴師兼老闆。
春花媽
動物溝通師。
歐歐
長女，溫柔恬靜，
超級美貓。
覺得很美

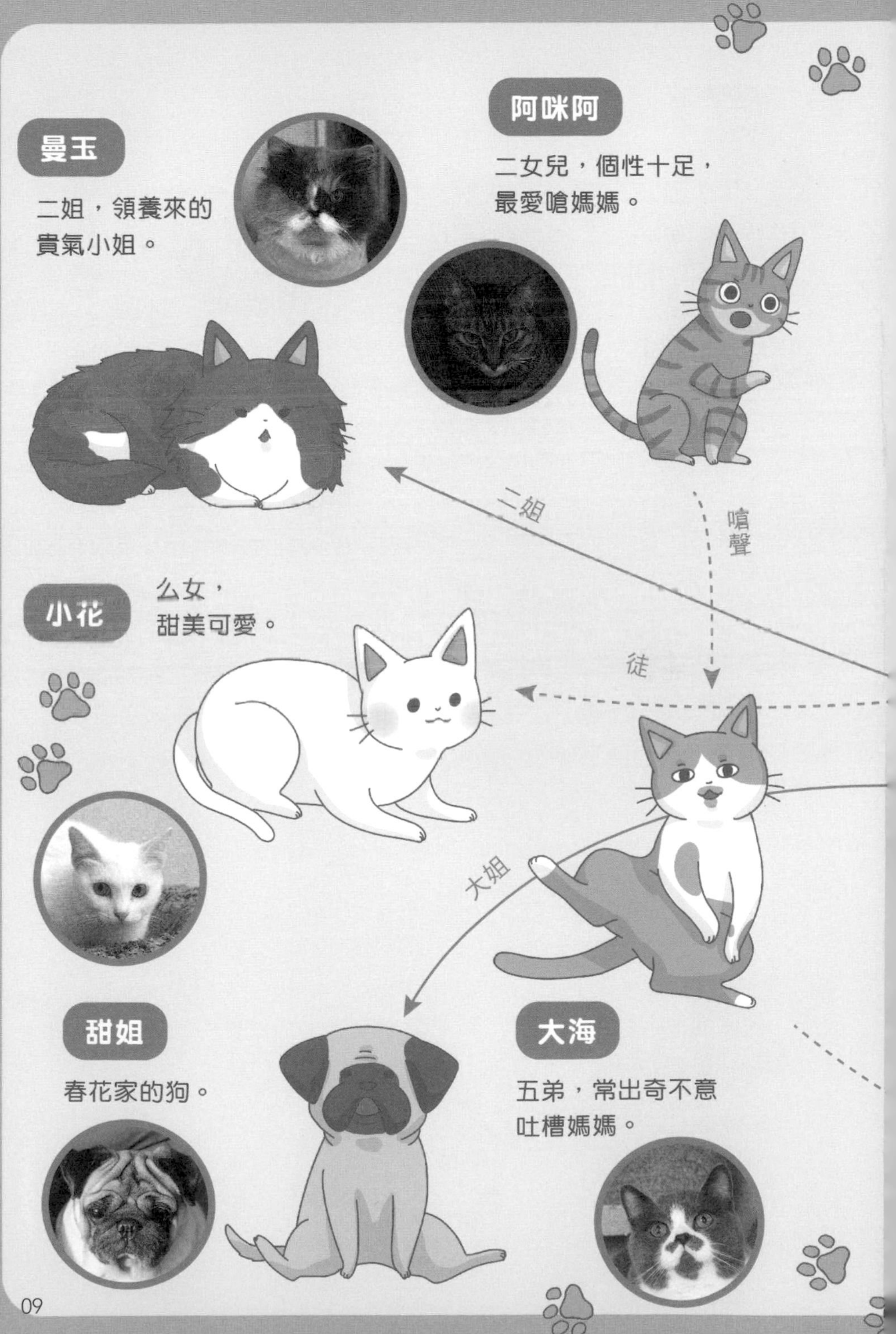
曼玉
二姐，領養來的
貴氣小姐。
阿咪阿
二女兒，個性十足，
最愛嗆媽媽。
二姐
嗆聲
小花
么女，
甜美可愛。
徒
大姐
甜姐
春花家的狗。
大海
五弟，常出奇不意
吐槽媽媽。

登場角色

其他

奶茶

愛撒嬌，送養
到谷柑家後
改名「椪柑」

烏龍茶

個性黏人，迷戀春花媽
的室友DIDI。

抹茶

活潑，送養
到貓王家後
改名「阿梅」

谷柑

出過詩集的胖詩貓。
單戀歐歐。

荳荳

谷柑迷人的
妹妹。

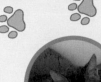

大福

春花媽成為溝通師的契機，
非常美麗。

大福媽

咪咪

與人類談戀愛
的少女貓。

大哥

咪咪的最愛。

老林

春花家的動物中醫生。

老王 **老葉**

春花家的動物西醫生。

Chapter 1

春花媽的笑淚日常

明明上一刻正因為小花說出的溫暖小語所感動，
下一秒就被春花冷冷地吐槽給放倒。

春花媽與一狗七貓一家人，不論是好事或壞事，
都會和彼此分享一切。

且看這笑淚交織的萌日常吧！

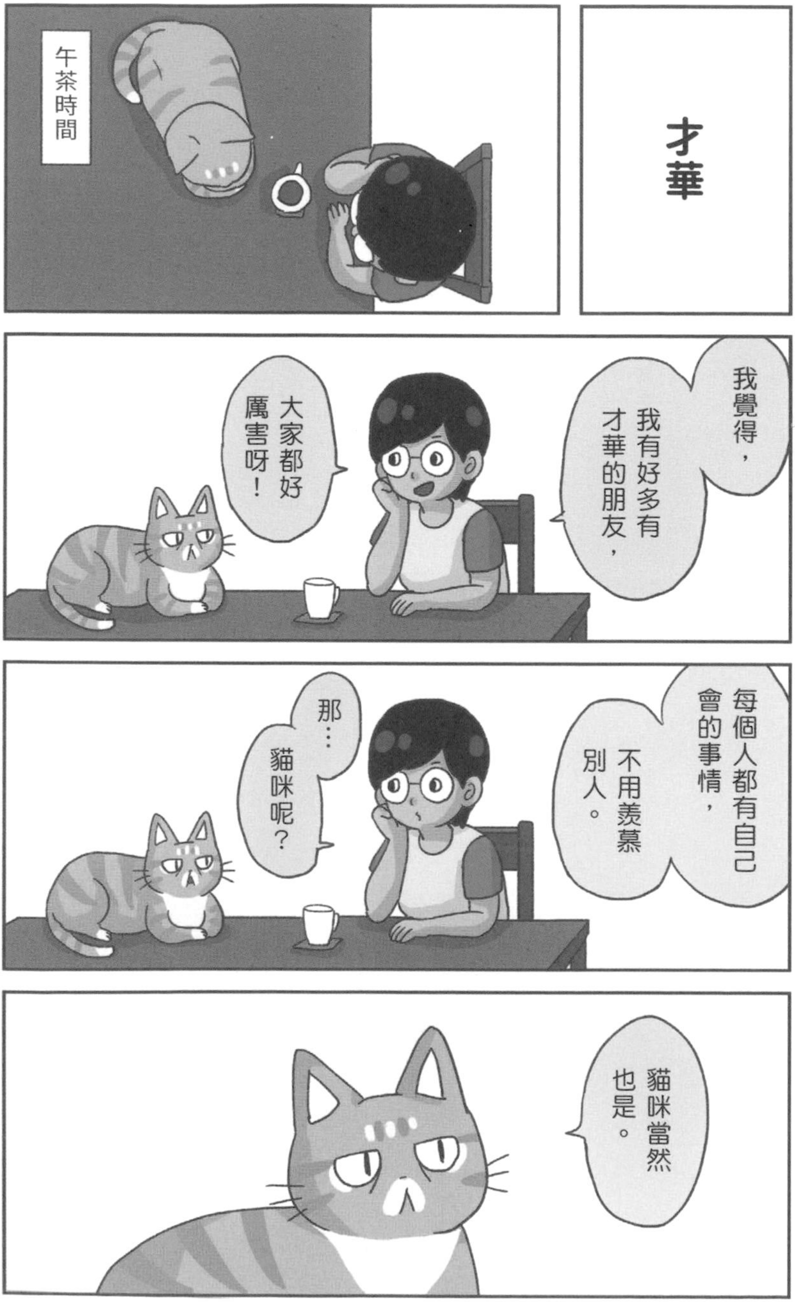
才華
午茶時間
我覺得，我有好多有才華的朋友，
大家都好厲害呀！
每個人都有自己會的事情，不用羨慕別人。
那…貓咪呢？
貓咪當然也是。

萌萌比妳會撒嬌，
也比妳會打架。
歐歐比妳像女生，
比妳好看。
阿咪阿比妳會談戀愛，
比妳會喜歡人。
小花比妳可愛多了，
妳自己也知道。

……我、我、你、
萬箭
穿心
那你會什麼？
我有很多你們想要的聰明，我比妳和妳多數的朋友聰明多了。
真不懂你們腦子都用來裝什麼。
我的才華就是對妳睜一隻眼閉一隻眼。
……感謝春花大人的寬宏大量。

位置

溝通時常常碰到一種狀況，
有時候，並不是家長和動物彼此「愛不夠」，
而是動物對自己在家裡的存在有所疑惑。
是指把自己縮得小小的，
覺得自己是多出來的嗎？
那就說出來就好了，
就像我推開媽媽一樣啊！

歐歐說得對，有些動物就是不敢說，
才把自己縮小的啊。
而且你不准推開我！
媽媽，因為他們不喜歡自己嗎？
他們不知道媽媽喜歡他們！
那是因為，
很多家長其實不知道——
家裡要有很多空間讓我們玩耍休息，

睡覺的時候，
讓很多床出來給我們，是一張好床。
但妳如果不把自己照顧好，
我們也不會好。
我們是家人，
誰都是互相的。
就像那個位置，我不喜歡，
妳也要知道！
哥說得好棒

無言媽媽①
某年冬天
好冷好冷唷！
誰叫妳不長毛。
啊人類就是退化啊！
難怪妳也不長腦袋！
你怎麼可以跟媽媽說這種話？
我跟妳有什麼不能聊的嗎？
……

無言媽媽②
谷柑來寄宿時都帶好多零食，
放進
但我家很少給零食，
就先收起來吧。
你們家好可憐，好窮喔，
什麼零食都沒有！
我好可憐！都沒得吃
鮮食
你家都有嗎？你家好有錢！
…
屁啦！不要亂講話！
我下午還偷餵你吃肉泥咧！
可我想分歐歐啊…
妳！為什麼沒分肉泥給大家吃！
……
被發現了

ㄎ一ㄤ海系列①
萊姆
大海不常說話，但一開口就語出驚人。
我擠
海海眼睛好黃喔，
好像萊姆喔！
……
妳也想擠我的眼睛嗎？
沒有啦！
太可怕了吧

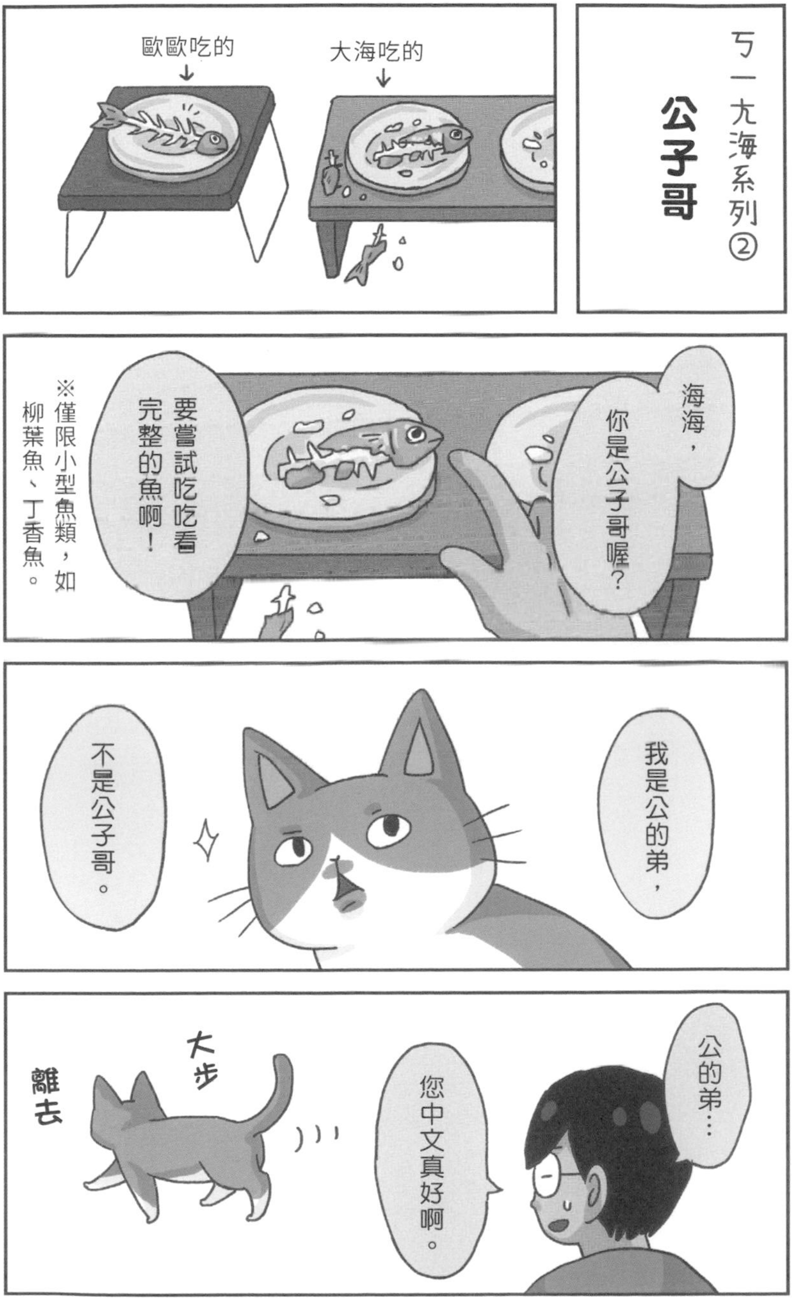
ㄎ一ㄤ海系列②
公子哥
歐歐吃的
大海吃的
海海，你是公子哥喔？
要嘗試吃吃看完整的魚啊！
※僅限小型魚類，如柳葉魚、丁香魚。
我是公的弟，
不是公子哥。
公的弟…
您中文真好啊。
大步
離去

關於別離
謝謝妳，嗚嗚……
不會，別傷心囉，祝福你們。
有時候，家長來溝通時，已是孩子生命盡頭，
而對於毛小孩離開後，身體要怎麼處理，不敢想也不想提。
身為人類，我也懂那怕不吉利的感覺。
但對動物來說呢？
哥，對於人類來說，談到死亡真的會痛呢！

會痛就不會死嗎？
跳開
咦？
沒事不要講這個啦！
哥！你看！甜姐懂我！
……
你知道你會死的吧？
ㄟㄟㄟ……是啦！
你知道，她會很想你，
搞不好在家裡擺一堆你。

嗯，是啦！她很愛我！
那你只是死了，她還是愛你，有什麼好怕？
哥，你真的很不會安慰人，
也很不會跟女生講話！
不死才奇怪！
妳是女生，妳很愛跟我講話啊。
可、可惡，好難反駁
唔…
那哥想要怎麼處理自己的身體啊！

妳弄就好，身體不見就不見了！
不用留戀！
剛剛都沒聽懂嗎！
那…那你們大家呢？
我死掉的時候，還是會小小瘦瘦的。
可以放在媽媽心裡就好。
永遠都該第一個間萌萌才對啊！
如果會死掉很久，我就跟樹在一起，
這樣還可以看著媽媽很久。

我不會死啦！
要是真的不會死，我也是會很開心啦⋯
我死了，就不能變大哥了耶！
你沒死也不會變大哥啦！
我希望媽媽把我放到大海裡。
但是大海很大很多水，你會變得很分散唷！
我死了，媽媽也會哭吧。
那樣也很大很濕很多水，我就變成媽媽的一部分了。
我終究是會早點死吧。
如果到時我很痛苦，
妳不要覺得是妳弄的就好。

你可以撐到現在，就可以繼續堅強地活下去啊！
我們一起加油吧！
妳已經讓我好好待著過了，接下來，我想自由地飛。
如果妳有認識的鳥，讓他們帶我飛遠一點吧。
別離難，就練習不難的離別，
願你們也給自己跟動物這樣的練習。

星人
下凡來解答
上班是什麼？
歡迎大家收看——《喵星人下凡來解答》第一集！
大家好！
我們每集會探討一些你可能不知道的貓咪心事！
呵呵
大家好
我是最美的
曼玉
阿咪阿
小花
大海
各位好
萌萌
春花
歡迎我們的節目來賓！
各位貓咪將和我們分享他們的想法！
男女老少都有喔！

上班是什麼？
今天的主題是——
上班是什麼！
星人 下凡來解答
那道門都會吃掉媽媽好久，到底是什麼？
投訴貓 U●I
她去幹嘛了？
我們的來賓們懂不懂「上班」這個概念呢？
大家分享一下吧！
上班去就去啊！
我當然懂啊
ㄟ？媽媽有出門嗎？
萌萌
春花

大海
等到回來就好，等多久都沒關係啊！
小花
我會找姐姐抱我！
阿咪阿
去啊，我又不用她陪！
……我們的來賓真的都非常有個性呢！
大家別轉台呀
那我們來跟貓奴分享一下，
拿出
如果出門，要如何安撫你的貓咪？
例如：出門前和孩子說一下何時回來。
或是準備好小禮物，到家馬上有陪伴時間！

叮咚！
是，曼玉請說！
如果要出去很久，要提前跟我們說。
讓我們選擇要別人來照顧，還是住在外面！
原來啊！
媽媽如果回來很累，我們也會擔心的。
我們只有你們，不是故意小氣不讓你們出去。
太感人啦！
話說…
我家的貓好像大多都不在乎我出門呢…
拭淚
無要緊啦！
有回來放飯就好！
咦！

誰出去
為了讓貓咪多喝水，我在家裡放了魚缸。
春花會和魚聊天，
@#$%^&*︵
嘰哩
瓜啦
@#$%^&*︵
哥竟然和魚也聊得起來
小花和歐歐也喜歡魚缸，
只有阿咪阿不愛上桌，和魚完全沒交集。
舔
喝
我還以為阿咪阿會很愛，
女兒心海底針啊～

某天
我撈
我潑
咦!?
哇!
救命
救命
這是怎樣!
你到底在幹嘛!
有這麼渴?
他們說他們要「出去」啊!
出去?
你是說魚還是草?
放我走~
讓我自由~~
魚啊!

你知道魚離開水就活不了欸！
我不知道！我只知道他們說要出去！
加水
魚對生活這麼不滿意嗎…？
怕魚其實真有不滿，晚上我細細和魚溝通了一番…
你們真的有說「要出去」喔？
……
我們是說：「你滾出去！」
嘎？
隔天
ㄟ！不要亂講話！
愛告狀！
是你們說要出去ㄟ
……

最美的小花
在B612星球上，住著一個天真善良的小王子。
他有一朵獨一無二的花，
還遇到一隻獨一無二的狐狸……
「……不要讓我這麼悲傷，請趕快寫信告訴我——」
「小王子回來了……」
「我知道……小王子已經回到了他的星球上。」

闔上
你們喜歡這個故事嗎？
嗯。講完了嗎？
我不要飛遠遠！
我沒看到星星耶？
蛤？
我好餓喔，可以放飯了！
……你們兩個有在聽嗎？
小花覺得呢？
……

媽媽，我不是狐狸，我不會不要妳，
我跟玫瑰一樣會死掉，但是我還是會陪妳，妳不要擔心。
嗚……小花啊！
小花，你是媽媽最美的花。

女神歐歐的
內憂外患①
喵～～～！
？
走！開！
我…
我睡著了。
騙！人！
不然你問
媽媽！
他騙人！
走開
走開
走開
走開
走開
媽媽！
不好笑！
討厭！
不要惹
姐姐啊…

女神歐歐的內憂外患②
我來啦！
大家好嗎！
乾媽！早安啊！
來就來不要這麼吵⋯
甜姐好！二姐好！
萌萌好！
哩厚啊！
春花、阿咪阿、大海、小花、大家好！
谷柑哥哥每次都好有精神

歐歐！你知道嗎，
我看過了這麼多貓和狗…
我還是最最最、
最喜歡你喔！
最喜歡 最喜歡你了！
歐歐看看我 看看我~
歐歐今天也是這麼美
快滾，你吵死了。
歐歐~~~

欲擒故縱

的前提是對方喜歡你啊，谷柑。

開門犯是誰
放
我回來囉！
門…？
為什麼開著！
通往陽台的門
半開
萌萌！
春花！
阿咪阿，
小花，
歐歐，
呼…都在。
是誰去開門的！
一定要找到犯人！

萌萌，今天外面好冷唷，對嗎？
←頭號嫌疑犯
有嗎？魚沒有說冷啊？
你…！你跟魚聊天？你有喝他們的水嗎？
有啊！
魚缸在外陽台
我還有舔螺。
舔
……那你有吃嗎？
我沒有啊！但小花有吃到！
哥哥這味道好奇怪唷
小花啊…

其他人沒有玩魚了~
春花有在太陽高高的時候睡在外面！
追趕
阿咪阿和小花只有躺一下。
我不在家的時候過得還真愜意啊⋯
歐歐呢？
嗅
聞
喔！我們跳上去聞草啊！
你到底怎麼開門的！
陽台外是懸崖啊！

•••
媽媽！我沒出去！
那門誰開的？
……
…媽媽開的！
媽媽開的！
你們三貓成虎啊！

地方甜姨
放
手機、鑰匙、錢包~
我出門和朋友吃飯喔！
妳要和誰吃飯啊？
和我一個男生朋友啊！
妳竟然有男生朋友！
我也要去！
蛤…？
走走走！

嗨！好久不見！
叮
哈囉！
喔！
這個帥唷！
身材也好！
跟妳也有話聊！
……但人家好像沒有喜歡妳ㄟ？
就跟你說
……我們是朋友啊！
而且人家有另一半了！
那我不看了！
我要回家！
浪費我時間啊！
是你要來的ㄟ

眾姐姐
進獸醫院
今天要帶二姐去看眼科，
看醫生前就交代甜姐要幫忙安撫二姐。
你不要生氣啦！活著就是要等！
再等一下下喔~
摸完眼睛，照一下亮亮就好喔！
吼吼吼！
才不是一下咧，等下還是會摸你！
吼吼
吼嗚
你不要這麼兇，兇還是要被摸啊！

姐，你要不要去外面等啊？
你這不是安撫啊
蛤？
你要給醫生姐姐摸啦，
不要這麼兇，很丟臉捏！
噓！噓！
揮舞
不要摸我！走開！
啊啊啊啊啊！別生氣！
怎麼都講不聽？
下個月還要複診啊…
心好累
我也可以來喔！
……

胖柑共識
好媽媽如我，特地團購了好吃的外國雞肉乾。
因為搞錯口味，去谷柑家換了正確的回來。
來吃雞肉乾唷～
聞
聞
……
這個……有谷柑家的味道……

谷柑哥哥給我們肉吃唷？
蛤？
才不是！
那媽媽要跟人家說謝謝啊！
這樣才有禮貌
……這個是媽媽買的，
只是拿錯去谷柑家換，
所以媽媽不用說謝謝喔！
那他們也有肉乾嗎？
有呀，
媽媽有幫忙買！

他這麼胖，
還吃！
嚼
嚼
媽媽都說谷柑
是胖子！
因為他真的
是胖子！
谷柑哥哥吃
太多胖喔？
嚼
谷柑很胖？
胖柑！
胖柑！
胖子柑～
你們再說下去，
他媽媽會生氣。
胖胖～
胖子柑～
我的肉，
拿來。
胖子柑～
胖柑共識
全家，
達成共識！

畫家：……

星人
下凡來解答
心情不好
觀眾朋友大家好嗎！
我看看…
今天我們要談的是—
心～情～不～好～
家長如果心情不好的時候，動物孩子會有什麼想法呢？
今天除了春花、歐歐，
恩哼
你們好
我們還有兩位特別來賓唷！
春花
歐歐

星人
下凡來解答
特別來賓
貓詩人
著有《愛，是為你寫一首詩》
暗戀歐歐失敗中
谷柑
靈氣貓
會按摩
擅長管教媽媽
查斯特
大家好。
歐歐——好美啊！
這位來賓，請不要離題。
谷柑
查斯特
心情不好
現在我們一起來看看——
今天的主題影片！
星人
下凡來解答
投訴貓 綿●花
媽媽妳怎麼了？
沒有啦，就是有點悶悶的⋯

星人
下凡來解答
好，那我走了。
不～～安慰我嘛！
星人
下凡來解答
別走啊
為什麼人類都會心情不好很久呢？
嗯……來賓們的經驗呢？
你也覺得你媽媽心情不好會很久嗎？
反正時間到了，她就會想開了。
春花
雖然我黑黑的，但我也看到自己白白的部分，
媽媽有看到妳的嗎？
很正面呢！果然是貼心的貓！
歐歐

只要忘記，明天就會好囉！
明天你就會喜歡我！
這位來賓！自制！
叫保安喔！
只用腦的人就會心情不好，心不會，
心就是心，只是被經過的容器。
好有哲理啊！
媽媽把不好的事放在心裡好久，身體會不會壞掉？
孩子們還會這樣擔心呢，他們都會察覺到爸媽心情唷！
因為關心著你，孩子也會想和你分享一切；不論是好事壞事，多和他們聊聊天吧！
心情恢復也要好好跟孩子說喔！
開講隨時奉陪！

春花媽有話想說

你知道今天是什麼日子嗎？

二月二十二號的貓節，四月四號兒童節，還是九月九日重陽敬老節，今天對我來說就是一個平凡的日子：

早上起床準備一狗七貓的食物，一邊放貓咪的食物，一邊加熱狗的菜湯。先放大眾區的五個碗，再放歐歐房間的兩個碗，二姐曼玉如果不吃，就把廚房他專用的碗拿來，開他想吃的雞肉罐頭。二姐要吃中藥，大姐甜甜圈要吃兩個保養品，點眼藥水，等他們的早餐結束，換我吃早餐。

接著開始鏟每一區的貓砂，萌萌慣例尿長條，大海是壁尿，春花的大便最大條，二姐的尿量厚厚一寸……開始掃地、吸地，大海跟胖咪吵一吵架，大海隔著窗戶用歐歐，大海追小花被萌萌打，然後大家分頭睡去。春花會在睡前提醒我一些事情，有時候不會。

下午開工前，幫自己沖一杯咖啡，趁著咖啡在滴的時候，再清一次貓砂，餵二姐吃藥，讓春花跟大海自己吃魚油，準備好晚餐的肉，放入水波爐燉煮，這時咖啡也好了。開工的空檔，開一罐低蛋白的罐頭給二姐，放點肉湯給甜姐喝，繼續工作。

晚上上班前，一邊把煮好的肉切成貓咪合適的大小，煮大姐的青菜，順便料理自己的晚餐。晚餐一

起開動，我常常都吃得比甜姐慢，而貓咪有時候還在睡覺。晚上下班，餵二姐晚上的藥，幫甜姐點眼藥水，接著帶甜姐去散步。雖然常常都是抱著他走，他的散步常常是我的重訓，但是不走不行啊。不知道以後只剩我一個人走的時候，我還會走得很喘嗎？

只要有你的日子

今天是你的什麼節日啊？回想起來，我只願今天是如常平凡的一日，而平凡應該要怎樣才可以如常呢？對我來說有以下幾點基石：

1定期的健康檢查：人狗貓都是，要變妖怪一起變啊！

2正確的飲食習慣：鹹酥雞這種業障我來就好，但是每個孩子需要的蛋白質、水和其他營養元素，去了解其實沒有想像中難。

3每天要看大便尿尿：如果發現問題要記錄，發現很長的大便，可以很得意自己是個好媽媽或是好爸爸！

4無時無刻要吸貓吸狗：確保我們是一國的，當然如果你摸不到，來……預約溝通？哈哈哈哈哈哈！

你們看到書的這天，我就跟世界上的某些爸媽一樣，在面對衰老的孩子有劇烈的變化……世界很大，我們卻只能看到眼前那些讓我們害怕的變化，痛太劇烈，願我的動物家人平穩如常就好，這就是我想過的日子，平凡如常地日子。祝福平安。

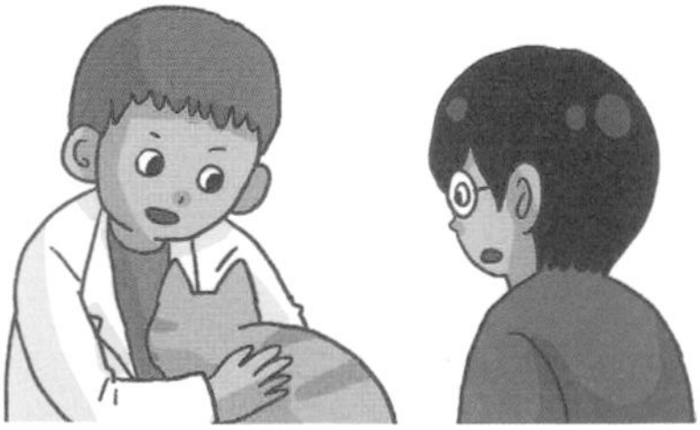

Chapter 2

貓咪照護參考

讓毛孩子快樂又健康地成長，是每個毛家長心中最大的期望。可是，遇到貓咪打架戲碼不時上演，該如何處理？貓咪不喝水又該怎麼辦？

跟隨春花媽提供的照料守則，開始學習觀察、判斷自己寶貝孩子的身心狀況。

跟孩子有關的事都是心上的大事啊！

不打不相識
多貓家庭難免會上演這種戲碼，
喵！
喂！你們兩個！
小打鬧增添生活情趣，
別跑！
來追我呀！
※是幻想
今天不是你死就是我活
動真格就血毛紛飛，鼻青臉腫。
※還是幻想

貓咪打架其實是很正常的事情，當爸媽的要學會判斷，
打情 罵俏
肅殺
「無傷大雅」和「真的會出事」的打架。
平時就要定期幫貓咪剪指甲，
好了好了，萌萌！
不要啦！
生理食鹽水
無酒精優碘
家裡常備藥水也很重要。
真的生氣打架通常發生在：新貓到來、搶食物，或有其他造成不安的因素。
拱背
炸毛
飛機耳
要好好面對生氣的原因。
如果打得太嚴重，我通常會這樣處理：
哼哼
是你們逼我的啊
拿出

①轉移注意：在遠處用逗貓棒吸引他們注意，
看傻
跳躍
旋轉
!
哇呼！
狩獵本能
若無其事
或是默默打開零食，以聲音和香味中斷他們。
②隔離：徹底隔離十分鐘左右，並且兩邊都不理會，
喵！
分開！好好反省！
喵嗚！
讓他們知道這個行為不好，媽媽會生氣。
結束隔離時，也不要直接理會他們，冷淡一陣子。
每隻貓需要的處理方式不一樣，但是「兇他」能有用的話，我們就不會被稱做「貓奴」了！

針對已經有一點信心危機的貓咪，可以在其他貓不注意時，
單獨抱他去密閉空間，給他點心，陪伴他。
讓他知道自己的重要，確認你的愛。
好癢唷！媽媽！
我對打架的處理原則就是：
不介入不偏心，尊重貓的本性，一起好好生活。

迎接新貓
昨天妳是不是在網路上，有看到一隻灰白相間的貓？
你是說被人撿到，在找主人的那隻？
那隻貓可以來我們家，妳去接他回來。
大驚
蛤！家裡已經五隻貓了欸！
有時候，我們因為不同的理由，迎來了新家人。
真的去帶了
我都聽哥的
我回來了…
……
別的貓的味道！
這是誰！
舊貓不接受新貓，是很正常的。

讓我們倒帶！
帶新貓回家後，一定要循序漸進，一步一步跟舊貓接觸，否則後果不堪設想。
①隔離：新舊貓必須「完全隔離」，
尤其在新貓未施打預防針前，不可讓新舊貓接觸。
大海先住這個房間吧！
cat's room
進入新貓房間的時候，可以另外穿件外套。
打開
離開時脫掉外套，避免身上留下太多氣味。
大海，媽媽出去囉
至少隔離七至十二天，才能進行下一步。

②交換氣味：利用棉被、衣服等，讓新舊貓聞聞彼此的氣味。
這是大海的氣味喔。
從大海房裡拿出來的
聞
聞
認識新貓，舊貓可能會有不同的感受，
記者到現場來問問眾貓的意見！
大海是新哥哥嗎？
舔毛
阿本來就是我挑的啊
沒意見：三票
我討厭他！
我只接受小貓啦！
反對：兩票

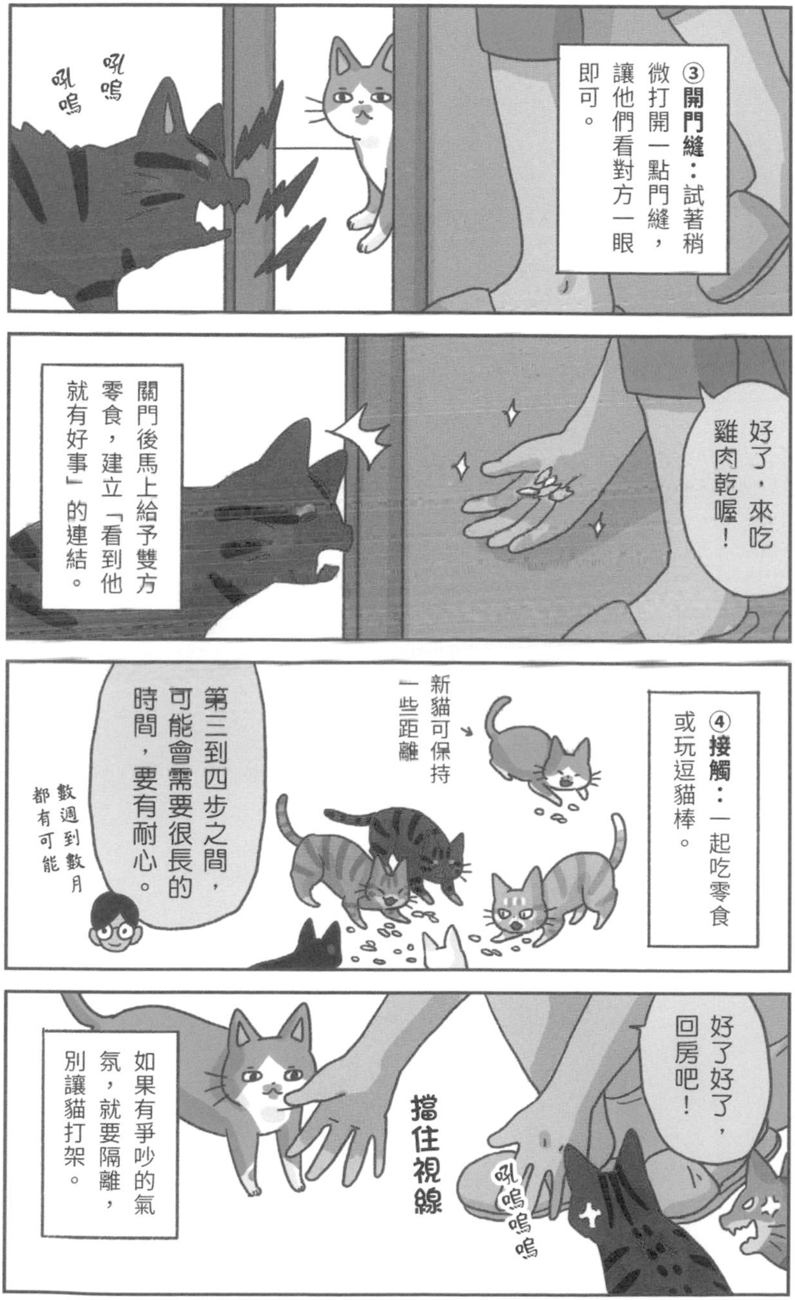
③開門縫：試著稍微打開一點門縫，讓他們看對方一眼即可。
吼嗚
吼嗚
好了，來吃雞肉乾喔！
關門後馬上給予雙方零食，建立「看到他就有好事」的連結。
④接觸：一起吃零食或玩逗貓棒。
新貓可保持一些距離
第三到四步之間，可能會需要很長的時間，要有耐心。
數週到數月都有可能
好了好了，回房吧！
吼嗚嗚嗚
擋住視線
如果有爭吵的氣氛，就要隔離，別讓貓打架。

禁忌一：直接就讓新舊貓接觸。
※參閱〈春花來了②初次見面〉篇
那時候我還很嫩呢！
?→
禁忌二：對新貓特別好，講話聲音特別輕柔。
海海～你好棒喔～
媽媽為什麼這麼疼他！
氣氛和平的時候，要表現得開心放鬆。
……
已經超過十分鐘沒打架，好感動！
讓日常氛圍漸漸穩定，新舊貓變成真正的一家人！
哼！我就勉強讓你待在這！
嗚嗚這樣就很好了！

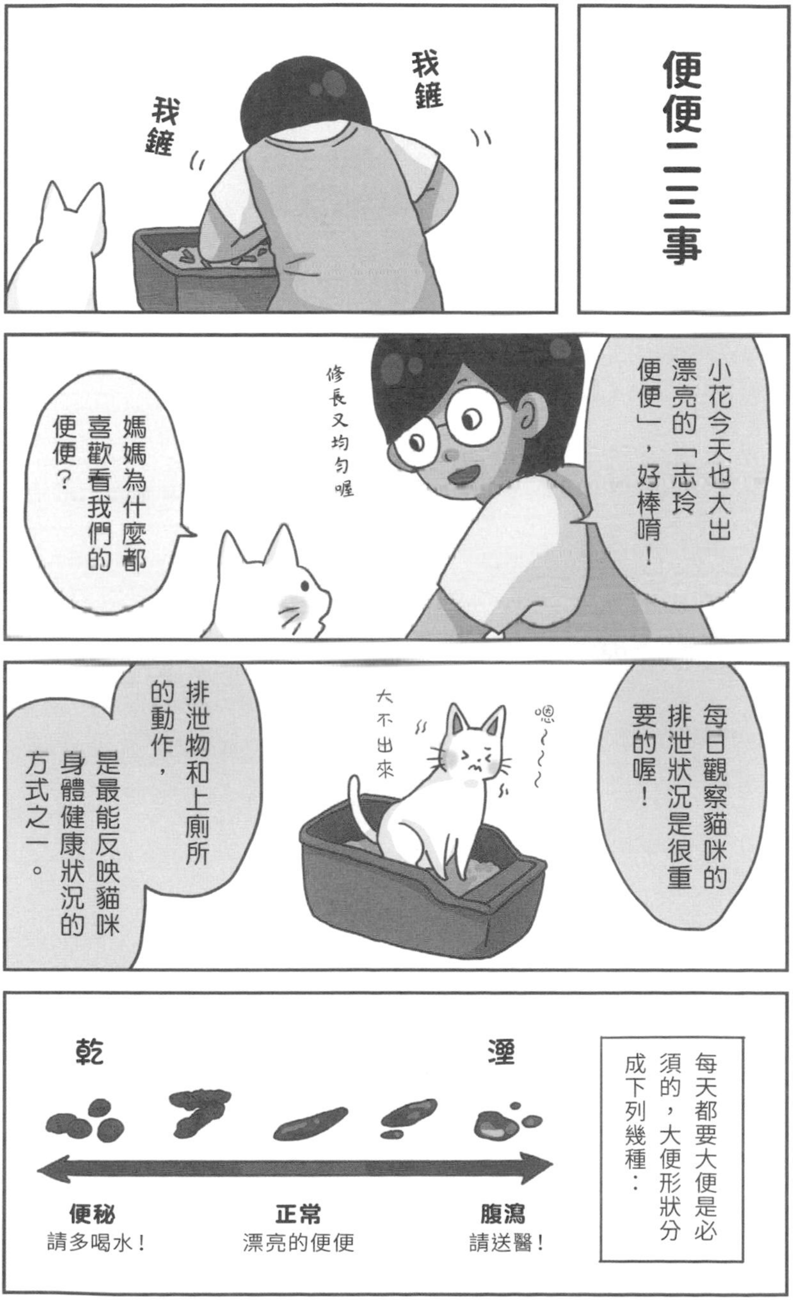
便便二三事
我鏟
我鏟
小花今天也大出漂亮的「志玲便便」，好棒唷！
修長又均勻喔
媽媽為什麼都喜歡看我們的便便？
每日觀察貓咪的排泄狀況是很重要的喔！
嗯～～～
大不出來
排泄物和上廁所的動作，是最能反映貓咪身體健康狀況的方式之一。
每天都要大便是必須的，大便形狀分成下列幾種：
乾
溼
便秘
請多喝水！
正常
漂亮的便便
腹瀉
請送醫！

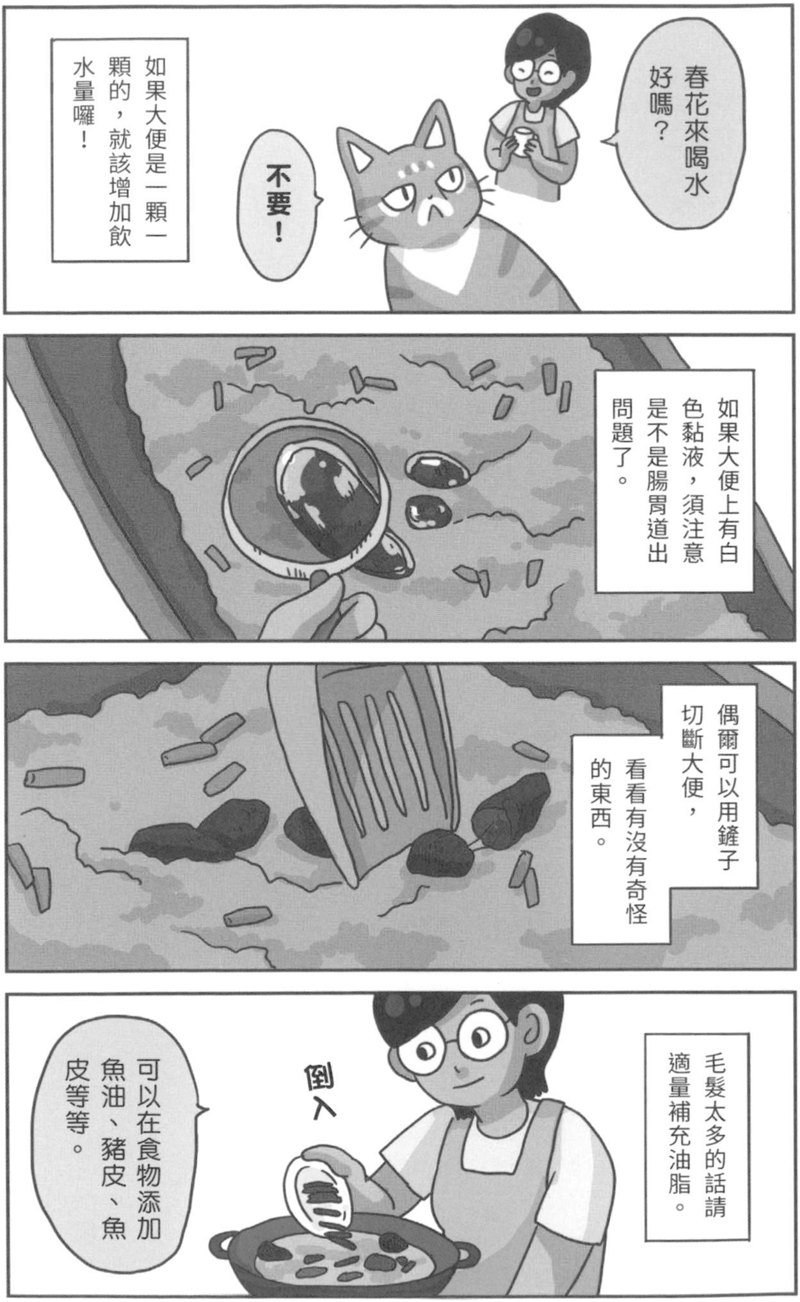
春花來喝水好嗎？
不要！
如果大便是一顆一顆的，就該增加飲水量囉！
如果大便上有白色黏液，須注意是不是腸胃道出問題了。
偶爾可以用鏟子切斷大便，
看看有沒有奇怪的東西。
毛髮太多的話請適量補充油脂。
倒入
可以在食物添加魚油、豬皮、魚皮等等。

檢查屁屁的時間到囉！
變態啊～～
貓的肛門基本上都會是乾淨的，
你也被看屁屁了嗎
我才不要！
討厭！
除非大便不優美健康，才會沾到屁屁喔。
食欲和排泄狀況是醫生問診時必問的題目喔！
各位家長要做好觀察、記錄的功課，才方便和醫生討論。
除此之外，
挑選適合的貓砂與貓砂盆也很重要，
這個廁所好難用
不合貓咪的心意，他們可能會排泄在別的地方喔！

①依照貓咪喜好挑選貓砂與盆：
木屑砂
水晶砂
豆腐砂
紙砂
礦砂
貓沙要選擇粉塵少、無毒且無濃郁香氣的商品。

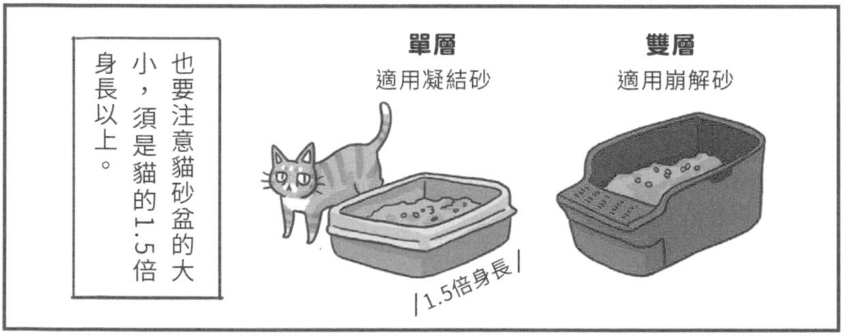
雙層
適用崩解砂
單層
適用凝結砂
1.5倍身長
也要注意貓砂盆的大小，須是貓的1.5倍身長以上。

②砂盆數量應為「貓咪數量加一」：讓貓咪隨時有乾淨的廁所可用。
這個髒了

還可以避免讓貓咪們排隊等廁所，
…
好慢
…
…
便祕喔
要注意，並排的兩個砂盆，對貓咪來說如同一個喔！

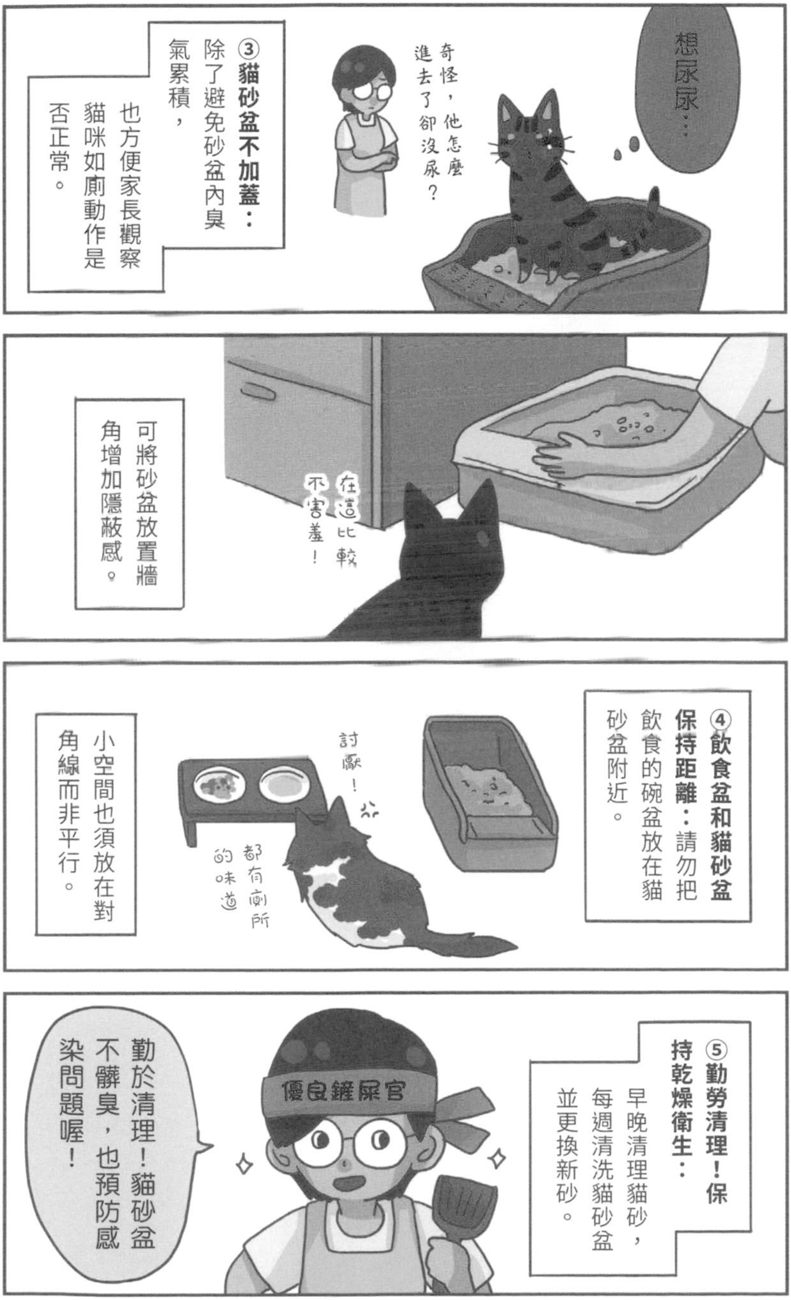
想尿尿…
奇怪，他怎麼進去了卻沒尿？
③貓砂盆不加蓋：除了避免砂盆內臭氣累積，
也方便家長觀察貓咪如廁動作是否正常。
在這比較不害羞！
可將砂盆放置牆角增加隱蔽感。
④飲食盆和貓砂盆保持距離：請勿把飲食的碗盆放在貓砂盆附近。
討厭！
都有廁所的味道
小空間也須放在對角線而非平行。
⑤勤勞清理！保持乾燥衛生：早晚清理貓砂，每週清洗貓砂盆並更換新砂。
優良鏟屎官
勤於清理！貓砂盆不髒臭，也預防感染問題喔！

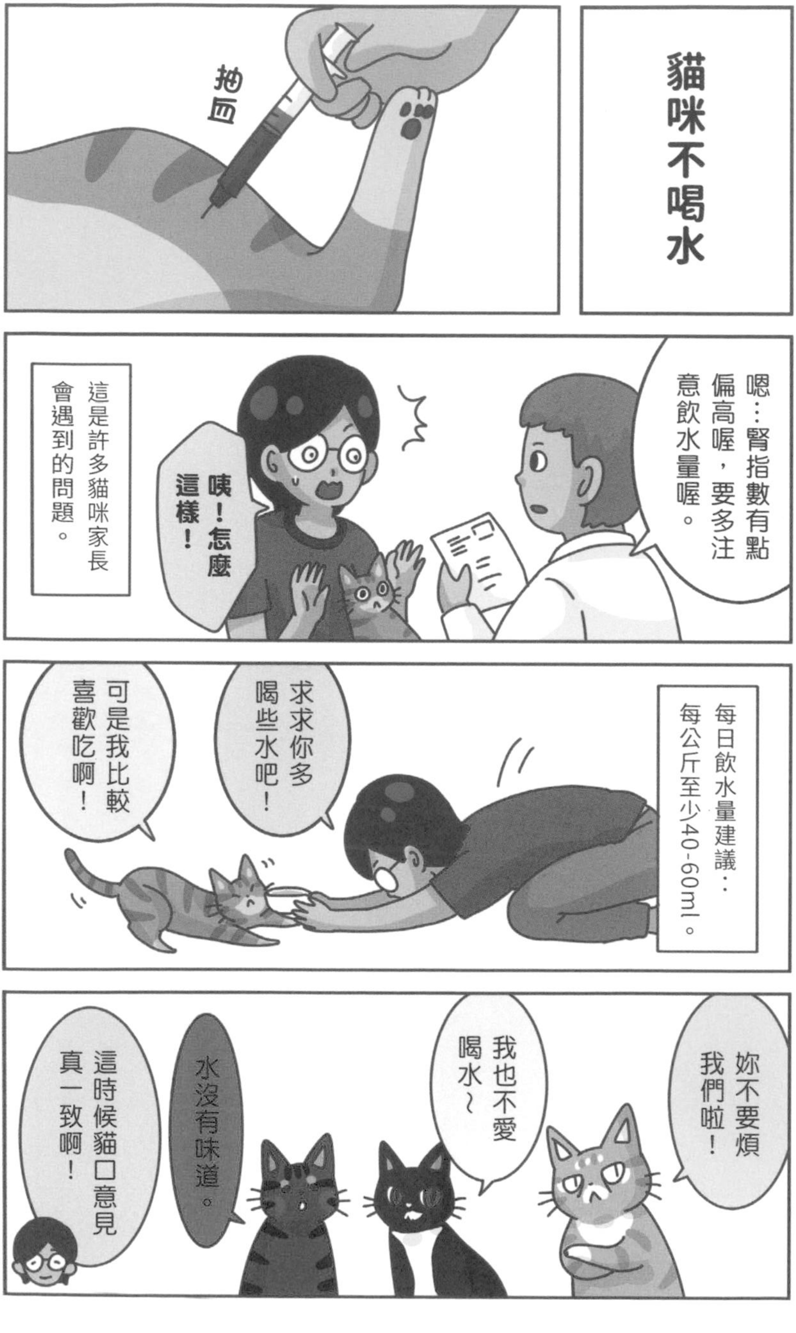
貓咪不喝水
抽血
嗯…腎指數有點偏高喔，要多注意飲水量喔。
咦！怎麼這樣！
這是許多貓咪家長會遇到的問題。
每日飲水量建議：每公斤至少40-60ml。
求求你多喝些水吧！
可是我比較喜歡吃啊！
妳不要煩我們啦！
我也不愛喝水~
水沒有味道。
這時候貓口意見真一致啊！

為什麼貓咪總是不愛喝水呢？
我們本來就不愛喝水，從以前就是這樣啦！
你囉哩八嗦！
長知識了吧！
貓的祖先來自沙漠，主要靠肉類食物獲得水分，自然很少喝水。
我⋯⋯我早就知道了啊！
野外貓咪吃的是天然肉類，現在家貓多吃乾糧。
含水75%↑
含水10%↓
兩者含水量差異很大喔！
我還知道更多呢！
貓的口渴機制並不發達，只好想辦法讓他們願意喝水。
說這麼多我都渴了
誇張！

①不同的地方放置不同口徑的水碗：
讓貓走到哪都可以喝水。
……到處都是水？
今天我要用這個！
貓對水碗也是很挑剔的，可以多試幾種。
②使用流動飲水機：
增加貓咪喝水的樂趣與意願。
聞
嗅
哇～呼～
雖然弄得濕濕的，但有喝水就很棒！

③增加水的味道：變化味道，讓貓咪喝水不無聊。
加貓草的水
燙過肉的水
蒸過魚的水
任何調味品都要注意貓是否適合，並須謹慎使用，如鹽巴僅能微量。
④罐頭加水：不過這招容易被貓咪客訴！
這個怎麼聞起來變淡了？
兩位等下歇歇的時候喝點水吧～
老奴伺候著呢～
⑤玩遊戲後給肉泥水：趁機當作零食讓他們多喝水。
孩子們的健康，就是我們的幸福！
沒事多喝水！
鬼點子真多！

冬季保養
哈…哈啾！
哈啾！
唉唷，天氣真的冷起來了。
穿上
像春花一樣呼吸系統較差的貓，
每到換季時節，就容易開始流眼淚跟鼻涕了。
家裡孩子如果也有免疫、呼吸系統毛病的話，可以這樣做：
關上
風吹進來很冷呢！
①維持室內溫度：注意別讓室內溫差變化太大。

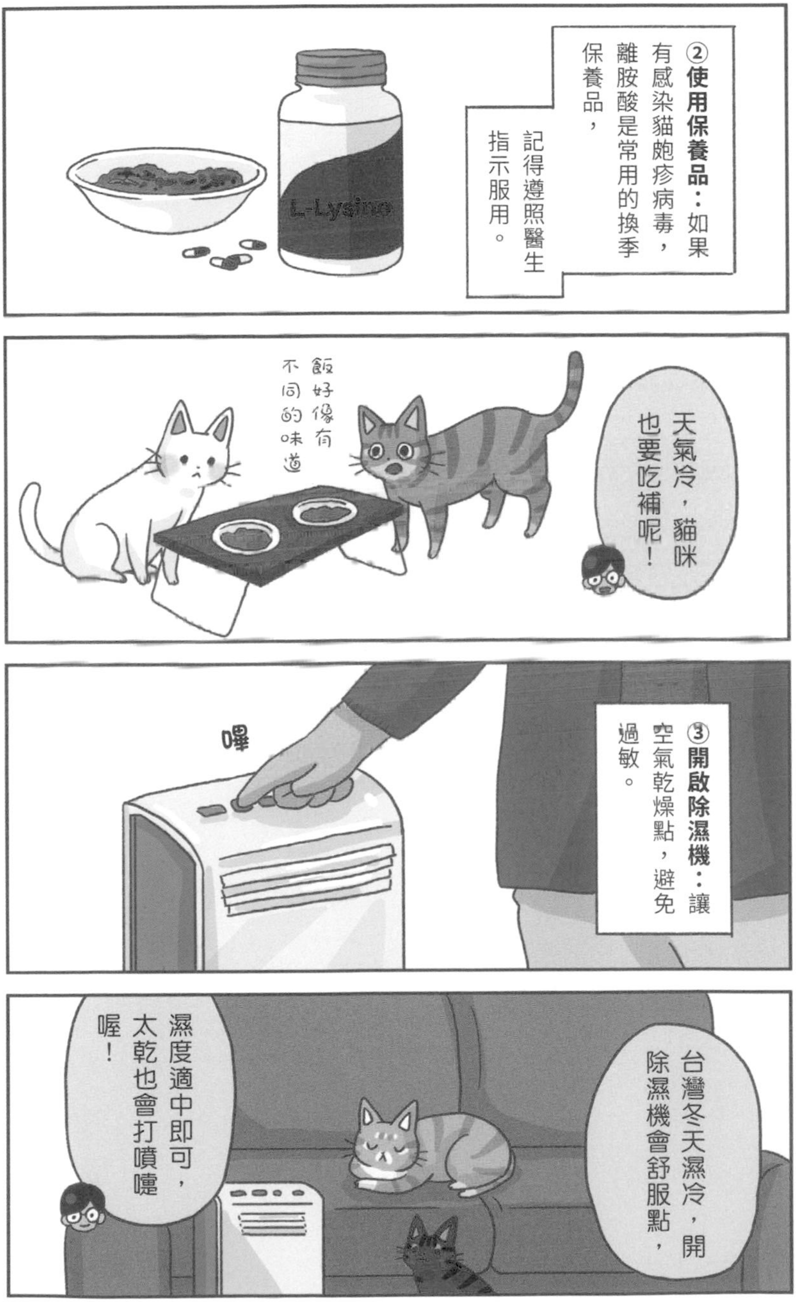
②使用保養品：如果有感染貓皰疹病毒，離胺酸是常用的換季保養品，
記得遵照醫生指示服用。
L-Lysine
天氣冷，貓咪也要吃補呢！
飯好像有不同的味道
③開啟除濕機：讓空氣乾燥點，避免過敏。
嗶
台灣冬天濕冷，開除濕機會舒服點，
濕度適中即可，太乾也會打噴嚏喔！

④保暖：天冷時一定要替動物準備保暖的軟墊。
歐歐，墊子溫暖又舒服吧！
謝謝媽媽
勤勞清洗保持軟墊乾淨，避免過敏或重複感染。
晾
定期清洗軟墊，
也比較好分辨貓咪到底是過敏還是感冒了喔！
！
哈啾！

⑤**持續觀察**：如果持續流淚多天，甚至流到變色的話，
就要帶去給醫生看看囉。
春花這樣好幾天了呢。
我來看看…這是結膜發炎了！
幫春花開點消炎的眼藥水，回去按時點唷。
醫生謝謝！
哈啾！
天氣轉涼的時候，人跟貓咪的身體都要注意喔！
要好好保養喔

吃相這件事
哇，你們又吃得到處都是啦？
像是打過仗一樣
你們一定要吃成這樣嗎？
那有什麼問題嗎？
嚼嚼
我變成打掃阿桑啦，整天擦地耶！
許多貓咪都喜歡把食物拉到碗外面吃呢。
嚼
這樣才看得清楚呀！
飯不會被阿咪阿吃掉！
如果受不了貓咪吃得到處都是的話，
給大家一些建議～
滿目
瘡痍

①嘗試把碗換成大一點的盤子：方便貓咪進食。
我吃
我吃
尤其對扁臉貓來說很重要喔！
這個裝得下臉！
②鋪上餐墊：配合貓咪吃飯習性。
我喜歡吃這個，呵呵呵！
貓咪吃完可以直接拿起來洗，很方便唷！
飽了…呵呵呵

③在過程中把食物放回去碗裡：
如果貓咪不會緊張護食，可以考慮這樣做。
要小心地放喔！
嗯？
④接受吧：如果實在難以改變，想想還有其他更需要矯正的項目呢。
我擦
我擦
例如不在正確的地方排泄、過度舔毛等等。
看看貓咪可愛的臉，是不是又幸福得想微笑呢？
親一下吧！
走開啦！
所以就接受這樣的他吧！

大臉大臉吃飯不愁。

星人
下凡來解答
貓會記仇嗎
Q
A
我家的貓啊，如果罵了他，就會跑到床上尿尿！
一定是在記仇！
到底動物孩子們會不會記仇呢？
貓會！狗不會！
我們脾氣很好的～
是嗎～？
阿咪阿，請說！
我不會記住生氣的事啊，
但是有些心情不好的事，還沒忘記。
阿咪阿

有時候生氣我會停一下下，
我不懂為什麼大家會生氣…
我還會呆掉
小花
CALL IN!
大家的情況還是有些不同呢！
我們來聽聽call in觀眾的意見吧！
哈囉~UBI你在線上囉！
嗨…
嗨！
UBI你的情況是怎麼樣呢？
生氣喔…我生氣的話就不會在家等媽媽了啊。
我只會氣一下，
媽媽回來，我就忘了！

所以你有生氣囉？
我哪有生氣！
不准亂說，笨蛋！
星下凡來
掰！
嘟
謝謝UBI的意見喔！
Call in觀眾有點傲嬌啊，哈哈！
根據我的經驗，
動物是不太會記仇的，
但他們還是會憂鬱或擔心。
真的生氣的事，通常只是當下，
氣過也就忘了。
是媽媽嗎！
喀

對啊，媽媽，不好的事就快點忘記，
我都很快就忘記了。
歐歐
我們並不會沒事咬人、抓人、故意惹人生氣的。
曼玉
沒錯，我們可以先回到生活，釐清動物們可能生氣的原因。
配合健康檢查，也是重要的方式，
有些時候，他們是因為身體不舒服，不知道該怎麼跟疾病相處而生氣。
只需要花時間拉回相愛的距離，
就可以讓我們一直甜在心唷！

春花媽有話想說

建立「好活」的共同目標

好像一群狗媽、貓奴、兔爸聚在一起，大家都會談論你家的貓用什麼貓抓板，狗用哪一個背帶，兔子吃哪牌乾草，不管原先是怎樣的身分，現在都婆婆媽媽起來了，感覺實在有夠親切的！我大概也只有這個時刻，是比較親人好聊天的，其他的時候都是臭臉大媽！

你的行事曆，會不會跟我一樣，有一欄是小孩專用的？跟大家分享一下我今年的行事曆：

月份	行程
一月	二姐（血檢＋腎超）
二月	
三月	大姐看眼睛
四月	萌萌（血檢＋腎超）
五月	小花（血檢＋腎超）
六月	大姐（血檢＋X光） 大姐看眼睛
七月	二姐（血檢＋X光＋心超） 大海（血檢＋心超）
八月	歐歐（血檢）
九月	大姐看眼睛
十月	胖咪（血檢＋X光）
十一月	
十二月	春花（血檢＋腎超） 大姐（血檢＋X光）＋大福一家

不過實際執行起來，因為二姐有點漏尿了，所以密集回診的時間變多，去醫院的次數已經到跟回家沒什麼兩樣的地步，跟醫生也熟到會倒茶給自己喝了（咦？）。這真的是一個很妙的過程……。

其實養貓養愈久，知道在台灣腎病很常發生，所以我才會在萌萌三歲的時候，全家就改成「全濕食」，早上罐頭加海量的水，晚上都自己煮，如果吃很順，下午會烤條魚或是煎塊牛排給大家吃，相對乾的下午茶，會讓大家更開心地迎接晚餐。

一直以來，大家的 Creatinine（肌酸酐）跟 Bun（尿素氮）表現得也還不錯。全鮮食的家庭雖然蛋白質攝取比較高，但是注意水分跟日常活動度，其實也不會有腎病的疑慮，當然擔心的話，現在台灣已經引入 SDMA[1] 檢測，可以檢測非常初期的腎病唷，大家也可以多多使用！

習慣是因為在乎

其實做了這麼多改變，就是避免腎病發生而已！

因為……慢性病難受的不是主人，是貓！

接到二姐曼玉的時候，我就已經知道他是二期腎病，並且已經有結石，就算多喝水、多尿、多吃飯，他的體重也很難超過三公斤。初期生活的時候，我真的蠻挫折的，

一是因為他突然生病，體重直接再降五百克，這是他原先體重的六分之一，非常可怕。後來慢慢接受中西醫的調理，體重回到三公斤，現在一天四頓飯，勉強維持三點二公斤，少吃一頓就會掉個五十克，這時候我都會覺得，我想減肥真的是很夭壽（?!）

不知道大家小時候會不會說：「我一定不要嫁給會打呼的人！」或是「我一定不要養腎貓！」結果春花跟大姐都很會打呼，二姐就是個腎貓，我變成一個習慣打呼，也習慣去醫院的人，面對疾病，唯一要調整只有我而已！

固定檢查維持健康

疾病對你來說是什麼？

對我來說，疾病從意外、打擊，變成我的評分表，到現在只是生活的一部分而已，是行事曆的一環，是我在日常生活中把水倒入貓飯的一個指標，是我在餵藥時快手的推力。疾病是我在跟小孩相處的時候，很難避免的一環，我們有機會讓疾病不影響生活太多，但是無法否定他的存在……。

我想這是春花教了我這麼多年，養成我最好的觀念校準吧。

所以固定健康檢查，確認孩子的營養需求，每天檢查大便尿尿，吸貓

狗維持彼此的健康，這些是我會做的，而且其實不太難，一起活成妖怪吧！幸福是靠自己一步一腳印累積下來的，我可以很奢侈享受這樣的幸福，然後說：「二姐，我真的很愛你，再一起繼續好好活下去吧！」

#順便推一下，我跟醫生一起出的書，真的很好用！

#《動物醫生讓毛孩陪你更久：結合中、西醫的觀點，為你解答動物常見疾病如何預防與治療》

1 慢性腎臟病的診斷方式之一，是依據血液檢驗中尿素氮（BUN）和肌酸酐（Creatinine）指數來做判斷。

Chapter 3

那些貓兒的故事

雖然時常與貓狗共處一室，
但人與動物有時還是有距離的。

幾年前，春花媽在當中途貓媽時，
為了想了解貓兒的想法，開始學習動物溝通，
才知道他們也會有煩惱、在意的事。

當他們來到自己身邊，就是一道道人生課題，
試著提醒我們活在當下。
而作為貓狗家長，只願幸福的日子
可以持續下去……。

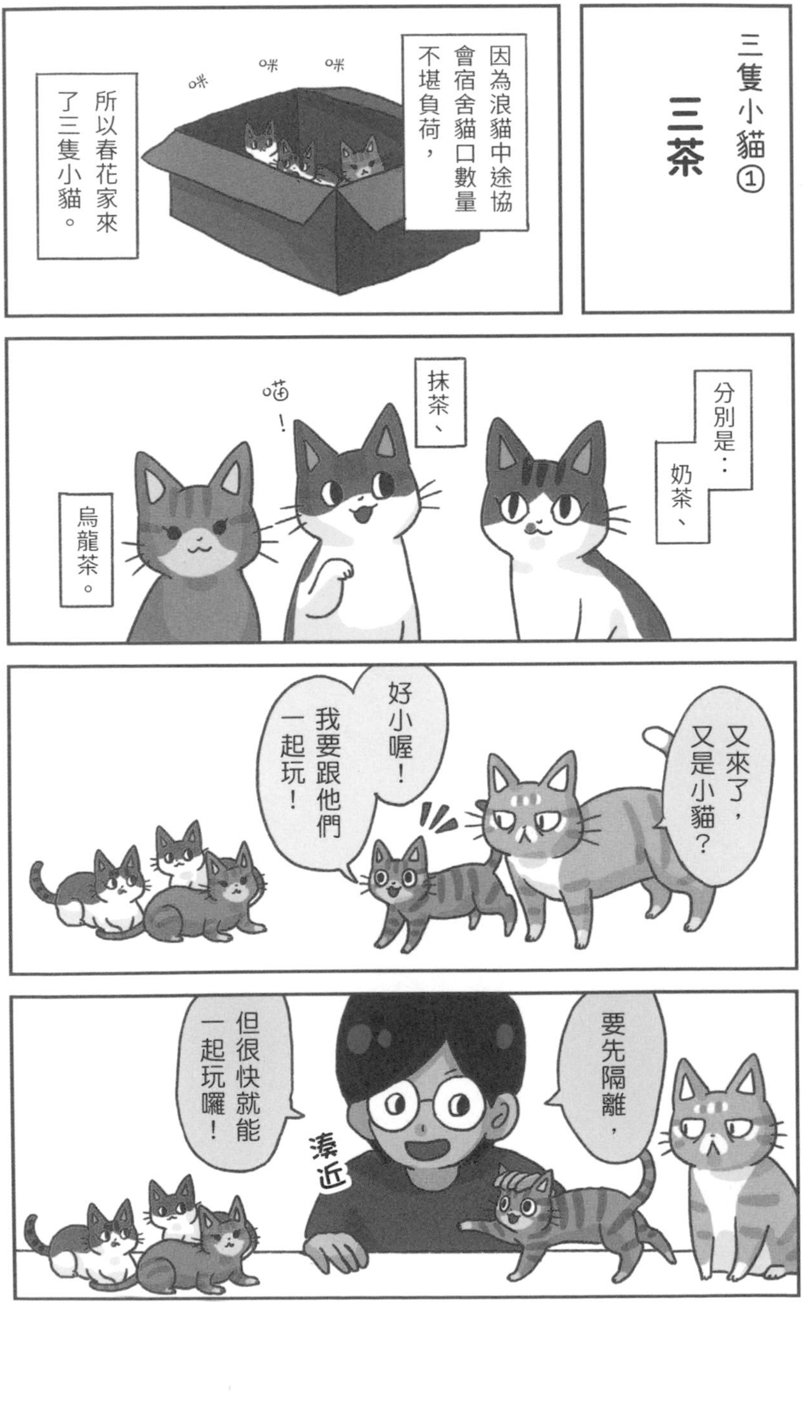
三隻小貓①
三茶
因為浪貓中途協會宿舍貓口數量不堪負荷，
咪
咪
咪
所以春花家來了三隻小貓。
分別是：
奶茶、
抹茶、
喵！
烏龍茶。
又來了，又是小貓？
好小喔！我要跟他們一起玩！
要先隔離，
湊近
但很快就能一起玩囉！

這幾隻小貓總是一起玩，
來啊！
跑跳
看誰跑得快
追趕
我餓了！飯！飯！
飯～
飯～
飯～
好啦！好啦！
討飯大合唱啊！
一起吃飯，
一起睡覺，
吃吃，我吃吃…
一起黏春花。
哥哥！
哥哥！
哥哥！
好有愛的畫面呀！

三茶都很乖又好帶。
來親親！
哈哈！
好癢唷！
猜猜我在哪裡！
探頭
奶茶俏皮愛撒嬌；
我要追到你了！
才怪！
抹茶好動體力好；
DIDI呢？叫他回來！
好好，我打給他喔！
烏龍茶很黏人，尤其愛我當時的室友DIDI。

幾隻小貓每天的睡前小活動，就是你打我、我打你。
打鬧
我才最強
不休
看我的厲害
好了！
該睡覺囉！
拿下
我還想玩！
蛤~~~喔！
每隻都還有自己固定的睡覺位置呢！

三隻小貓②
新家
可能因為家裡貓口數太多造成壓力，某天春花突然嘔吐不止。
春花得了胰臟炎，需要住院一陣子了。
虛弱
天啊…
嗚嗚…春花…
都是我沒有照顧好…
春花哥哥怎麼了…？
嗯…現在這樣，
需要趕快幫三茶找新家了，不然實在分身乏術啊…

因為春花的狀況，我開始積極幫三隻小貓找新家人。
要幫妹妹們找到好人家喔。
我會的！哥！
椪柑你好可愛啊！
谷柑是你的哥哥喔！
谷柑家領養了奶茶，替他取名椪柑。
椪柑成了最愛爸媽的管家婆。
把拔！
你都不蓋好被子！
谷柑也非常疼愛、照顧椪柑。
陪睡
陪吃
陪玩

貓王媽領養了抹茶當貓王的妹妹，改名阿梅。
這樣我就有兩個妹妹囉！
我要吃那個！
你的飯是那碗啦！
唉呀，元氣十足呢！
喂，你們要毀了房間啊！
我都說過幾次了
貓王你還帶壞妹妹！
好動的阿梅在新家還是很調皮呢！

我當時的室友DIDI愛上了烏龍茶，每天如膠似漆。
我要一~直~一直~~~和DIDI在一起！
哥哥現在有好了嗎？
出院了
生病就是要多吃飯喔！
你吃到臉上了
有沒有在聽啊
嘻嘻
如果…幸福的日子可以一直持續下去就好了…

三隻小貓 道別③
本來以為三茶只是比較餵不胖，
送養到新家後，卻陸陸續續出現狀況…
阿梅最近怎麼食欲都不太好呢？
無精打采
好幾天不吃飯的阿梅，被媽媽帶去看獸醫。
醫生幫阿梅快篩，抽了血，驗了小病毒，接下來只能回家等消息…
檢驗的報告需要多等幾天，會再通知妳。
好的…
一週後
阿梅的檢查結果，是FIP…
天啊…怎麼會這樣？

貓傳染性腹膜炎（FIP），是讓貓咪飼主聞之喪膽的可怕疾病，
FIP
因為FIP致死率近乎百分之百。
普遍症狀有發燒、無食欲、嘔吐、下痢等。
FIP因治癒率極低，大多採支持療法，希望貓咪不要過得太痛苦。
FIP
最重要的一點，一定要和其他貓咪嚴格隔離，以免交互感染！
要定期讓貓咪接種疫苗，食物營養充足，保持環境清潔，
好好維持貓咪的生活品質，就是預防FIP最好的方法。

確診之後，媽媽和阿梅都很努力很努力。
換完尿布有沒有清爽多了？
阿梅，我們一起加油，慢慢好起來喔！
因為阿梅肌肉僵硬，所以媽媽常會幫他按摩。
直到一個月後，某天媽媽回家時，發現阿梅不斷抽搐…
慌忙
阿梅、阿梅！
媽媽馬上送你去醫院！
等著媽媽回家的阿梅，在媽媽懷中去世了。

不久後，椪柑也接著發病入院。
椪柑，爸爸來看你囉，
我們會一直陪著你的！
出差中的媽媽也不斷查找FIP相關資料。
椪柑，你要等我回去啊！
好像還是有康復的案例……
不知道看中醫效果怎麼樣
椪柑的情況很不好，且具高度傳染性，現在不適合探視，你們要有心理準備……
啜泣
至少讓我們明天見他最後一面好嗎？

隔天，便是要和椪柑道別的日子。
椪柑……
嗚……
椪柑……
媽媽……
椪柑伸出他好瘦好瘦的手，
離開了爸爸媽媽。

三隻小貓④
練習
經過一段時間的潛伏期，烏龍茶也開始發病了⋯
確診FIP後，我們馬上用獨立的房間隔離烏龍茶，
進出房間都要用衛可消毒劑噴灑身體。
噴
噴
進出要用毛巾開門
房間裡外每天用漂白水跟六雙碇消毒，
因為家裡還有很多貓，更是不能鬆懈！
排泄物也都從隔離房的另一扇窗戶送出丟棄，不經過家裡其他地方。

烏龍茶，有感覺好點了嗎？
DーDー會等你好起來的。
烏龍茶發病後，需要天天灌食。
掙扎
乖乖喔…一下下就好了，好嗎？
因為口炎的關係，灌食時碰撞牙齦就會出血。
烏龍茶要吃飯才有體力唷！
舔
雖然有服用食欲促進劑，但效果也是時好時壞。

我想要……
回我以前住的地方……
……你是說中途你們的貓咪協會嗎？
為什麼呢？
我要……
回去……
我……
回去……
隔離了兩個月，烏龍茶狀況沒有好轉，只是愈來愈糟……

不行…讓我回去…
我不能死在妳家裡…
原來你…是這麼想的…
因為烏龍茶的堅持，最後我們仍將他送回流浪貓協會。
…烏龍茶，等你好了，我們會來接你喔！
那天晚上我翻來覆去，久久不能入睡。

半夜，阿咪阿睡在烏龍茶固定睡的位置上。
烏龍茶……你回來了嗎？
你要去哪裡呢？
隔天，協會便傳來烏龍茶過世的訊息。

從你們離開後到現在，
我們都還在練習活在當下，練習和疾病相處。
奶茶、抹茶、烏龍茶，謝謝你們來過我們身邊，我們是永遠的家人。

家人（上）
咪咪是一隻特別的流浪貓。
咪咪被很多人愛著。奶奶、爸爸、阿姨、大哥、二哥、小弟和姐姐。
其中，咪咪最愛的是大哥。
大哥！你好帥唷！
我愛你！
咪咪最喜歡大哥了！
叫哥哥出來跟我一起散步，我們一起走路最快樂，最好看了！
…好喔！
最好你就真的會出現喔

走出
出現
我弟真的跟咪咪去散步了，
就像跟女朋友約會一樣啦！
哈哈哈！
下次一定要把他們約會的樣子拍給大家看！

然而，那夜緊急電話展開的溝通，
卻是咪咪故事的最終篇。
震動
震動
咪咪⋯！這狀況很不好啊！
我得趕快跟他連線了！
咪咪⋯你還好嗎？
我⋯我好痛⋯
臉色
發青

咪咪不哭喔，專心面對痛痛，
哥哥馬上要帶你到醫院了！
嘴裡強烈的酸味、作嘔感，刺痛不已的眼睛，
讓我明白這些不是意外，也不是自然發生的。
等等⋯咪咪吐得好嚴重！
嘔出
先停車！
我想要、大哥抱我，
摸摸我的肚子⋯

家人（下）
咪咪！
咪咪…我們都在…
喘
喘
咪咪…我還能做些什麼…？
我決定請大哥家過世的貓「波土」，來陪伴咪咪。

沒事了喔，
沒關係，沒事了…
咪咪漸漸平靜了下來。
閉上
咪咪走了。

咪咪要不要進來，
可以自己決定。

咪咪是隻尋常的
的流浪貓，
但也是他們珍
視的家人，
被無故傷害了。
每一條在街上
流浪的生命，
都努力在街道
角落生存著。
每個人對流浪動物
的接受度不同，
可以不喜歡，但
請不要傷害他們。

兩年後…
出現
……
跟上
你是…
咪咪嗎…？
是唷！
我回來了。
他似乎這麼說著。

貓教我的事①
成為溝通師
嗨！
好久不見！
大福，我又來陪你做健檢囉！
大福是我曾經中途過的貓咪，一度全身癱瘓無法自理。
他現在很穩定囉，也不太會亂尿了。
你好棒呀！
大福真是愈來愈美麗了！

幾年前
他車禍後狀況很不好，幾乎不吃東西，
只能打點滴，瞳孔也都沒有反應…
再這樣下去，醫生說得安樂死…
天啊…
比起在醫院被安樂死，是不是接回家照顧，
讓他可以最後度過一段舒服點的日子呢。
不知道大福還有多少求生意志…
如果你願意和我回家，
多少吃一點好嗎？

大福你好棒唷！
感動
後來，我決定將大福帶回家照顧。
大福沒有自由活動的能力，只能拚命扭動身體，稍微移動位置，
甚至連抬頭吃飯都有困難。
哇！
清理
你特地滾到這件被子上才尿對嗎？
你好努力唷！
如果我可以和你聊聊，告訴你為什麼帶你回來，
你會不會稍微安心一點呢？
我好想和你說話，也想聽聽你的心願。
這樣的心情，讓我開始走上學習動物溝通的道路。

貓教我的事②
離家出走
照顧大福的日子經歷了重重困難，但在悉心照顧下，最後大福竟然奇蹟似的復原到可正常跑跳的程度。
自己跳上來
你也太厲害了！明明不久前還是癱貓呢！
大福現在可以出來跟大家一起玩囉！
有新朋友！
我是大福
三茶中的烏龍茶、阿咪阿和大福，三隻小貓很合得來，是彼此的玩伴。

當時家中加上中途貓咪，貓口數量高達八隻，
也導致春花因高壓引發了急性胰臟炎。
我會趕緊將小貓們送養出去，讓春花能放鬆一點！
不幸的是，烏龍茶與已經送出的兩茶，相繼爆發了FIP。
保母，
為什麼烏龍茶自己住在裡面？
嗯……
因為烏龍茶最近生病了，所以不能和大家待在一起。
等他好了，就可以和大家一起玩囉！
所以再等一下，
就可以見到烏龍茶了嗎？
嗯，
一定可以的！

大福就先麻煩妳了。
然而，由於家裡的狀況，實在無法再照顧大福，只得先讓他去新家試住。
當天晚上
蛤？
大福離家出走！還躲到沒辦法救援的通風管道？
大福躲了好幾天依然不肯出來，
當時還是新手溝通者的春花媽，努力想勸說大福回家。
我不要，除非妳跟我說我想知道的事情。
妳不是說等烏龍茶好了，我們就可以一起玩，
為什麼不讓我們在一起？
烏龍茶去哪裡了？

……大福，對不起，
我之前忽視了你的需求，沒有和你說清楚。
我以為你到了新家可以慢慢忘記…
其實烏龍茶生了很嚴重的病，所以才不能讓你們見面，
不是故意拆散你們。
現在，烏龍茶已經去當小天使，沒有病痛了。
我們真的都好擔心，
你快出來好嗎？
……
對不起…

貓教我的事③
心思
這段時間辛苦妳了，那我就先把大福帶回去了。
大福，對不起，是我太粗心了，沒有好好面對你在意的事情。
保母，我也對不起。
那你可以好好跟保母說，你為什麼要躲起來嗎？
大福 快下來吧
小心點唷
我有很多事情都覺得怕怕的……。
像是什麼樣的事情呢？

唧
你們跟撞到我的人都好像，好可怕…
糟糕是不是撞到什麼
唉呀，因為我們都是人類呀。
苦笑
後來我看到大家都好喜歡妳，還跟妳一起睡覺，
……
我覺得好奇怪！跟我想的不一樣！
可是妳又對我很好，我不知道怎麼辦，所以我就尿了妳的床。
蛤！原來是因為這樣才故意尿床的嗎！

唉唷！原來你是覺得自己跟大家不一樣，所以感到彆扭呀！
我太笨了！都沒發現你的心思！
還有一件事…
什麼事呢？
我…其實很喜歡妳，可是我說不出來…都是妳害的！
好、好，都是我的錯，我才最奇怪喔！
心花怒放

我知道我該去新的家了…
我只是捨不得離開保母。
那…你現在願意去新的家了嗎？
…嗯。
謝謝你告訴我這麼多，大福寶貝，我們一起好好睡個覺吧！
最後，大福有了新家與新媽媽。
謝謝妳，我一定會好好照顧大福！

貓教我的事④
在意
嗯？大福媽媽怎麼這麼晚還在線上？
嗨，大福在妳家適應得還好嗎？
嗯…還可以，不過他剛剛又尿床了…
啊？大福竟然又尿床了！
溝通中
大福呀，你習慣新家了嗎？
還沒，還是會有點怕怕的，有時候飯不太好吃，
有時候媽媽好晚回家，我會緊張。
那…你為什麼要尿在床上呢？
因為我晚上叫媽媽，她都不理我！
媽媽在睡覺呀！

早上的時候很餓，我想吃飯，她也還在睡覺。
還有我的紙箱被收起來了，我不開心！
媽媽也很用心在照顧你耶，你可以不要不開心就尿床嗎？
……
哼，我是在測試媽媽啦，
我要知道媽媽會不會因為這樣就丟掉我，她是不是真的愛我？

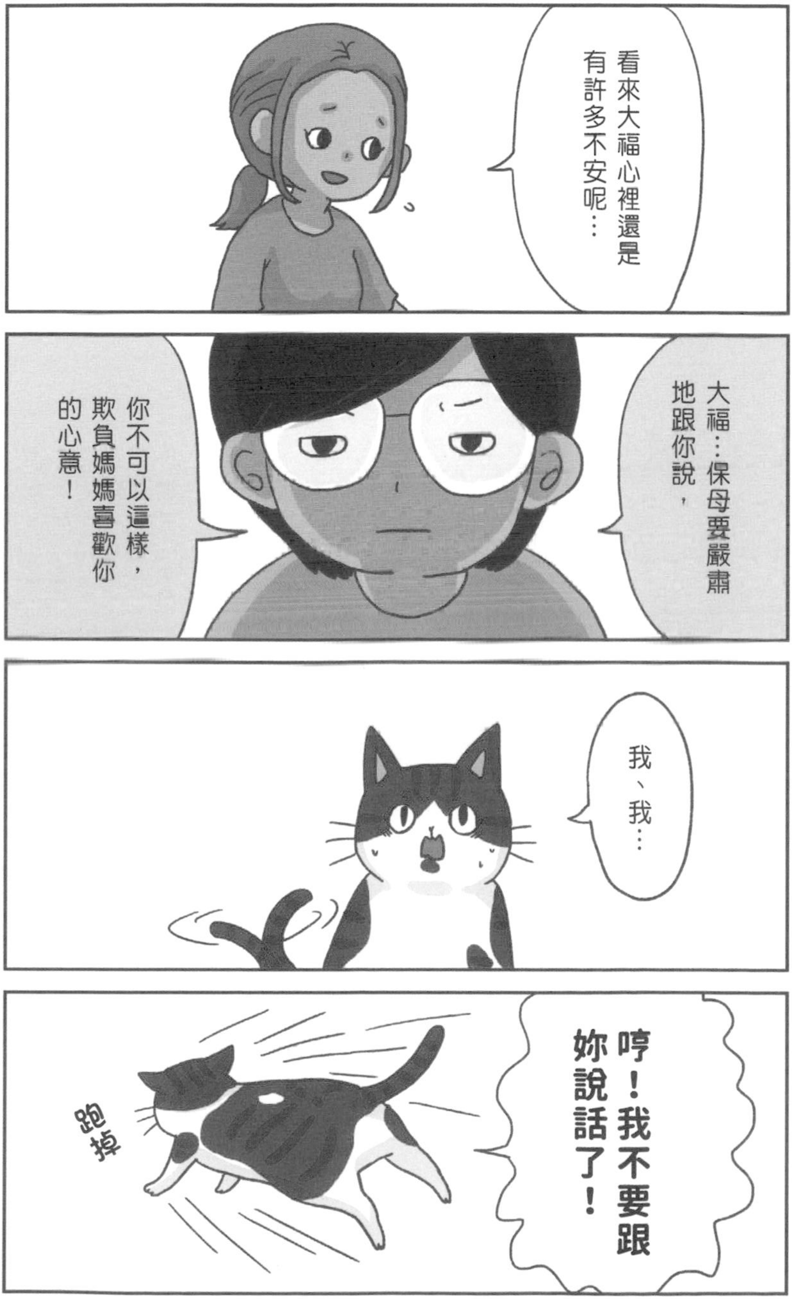
看來大福心裡還是有許多不安呢…
大福…保母要嚴肅地跟你說，
你不可以這樣，欺負媽媽喜歡你的心意！
我、我…
哼！我不要跟妳說話了！
跑掉

大福嘴上不認錯，但尿床問題還是顯著改善了。
你好棒喔，媽媽最愛你了！
哼，我可沒這麼喜歡妳喔
還有件事，以前我在外面的時候，都跟我弟弟一起生活，
我想要弟弟也來陪我！
雖然難以找回大福弟弟，為了大福，媽媽領養了妹妹「高清」來陪伴他。
幸福
動物和我們一樣，有許多自己在意、糾結的事情，
溝通並不是叫他們聽話，而是了解和傾聽他們的聲音，才是有效溝通喔！

你好難聊

#哥的世界沒有討拍

星人
下凡來解答
人們的「提醒」
Q
A
大家有沒有和人同住的經驗呢？
跟動物當室友又有什麼不同呢？
就跟你說不要亂吃橡皮筋了！
為什麼不行？
我說不行就不行啦！
和人類室友相處的時候，會互相尊重意願，
但我們對動物們卻常常是「要求」他們「配合」。

哥，對於人類這些「提醒」，
要你們不要亂抓、不要吃滿地，你的想法是如何呢？
春花
很多事情只是你們人類覺得方便，
對貓咪難道也是方便嗎？
聽你們講那些，很無聊啊～
浪費時間
大海
如果事情真的重要，
我會知道。
曼玉
所以其實比起要貓咪們聽話，可以用「一起完成」什麼的方式，
才會讓生活更好，對吧？

比如說瑣碎的小東西，
線頭
橡皮筋
小文具
飾品
與其強硬要求貓咪不要吃，不如自己收好！
被貓吃了很危險喔
哪些事是家長該負責，哪些可以跟孩子商量的，
一起討論，讓動物孩子更理解人類期待的生活。
大家都可以說出不喜歡的事情，這樣才公平。
歐歐
沒錯，也要和媽媽說你們希望我改進的地方喔。
沒有喔，我想要抱抱時媽媽都會發現。
媽媽很好
現在也好想給你一個抱抱啊！

即使人類是用相同的語言，都未必能順利溝通。
連人和人都會歷經磨合期，何況是和動物孩子呢？
我不是故意要咬媽媽，但有時候不小心就咬下去……
對不起……
沒關係喔，媽媽都知道，別太自責！
我喜歡聽妳講話啊，妳說的，我都有在聽喔！
冒出
你也是吧
對啊！
很好啊，只要我們一起一點一點進步就好了！
除了和動物相愛，我們還需要互相教育，
一起生活，一起負責！

春花媽有話想說

Hello, Nico！

下午決定跟自己約會一下，剪個頭髮，去買件想了一陣子的牛仔長襯衫，看著太陽往下消失時吃頓比較早的晚餐，調整心情快樂地回家，準備好好上班。騎車回家走祕密通道，這個通往小區的祕密通道是個夾在建築物跟樹中間的小路，我每次經過這條路都要避開蝸牛跟蛞蝓，常覺得是在練騎車的技術。今天才剛騎到路口，我就發現一隻橫躺的貓，身上爬了一些螞蟻！我立刻停下車，一摸，身體還溫熱，對我的觸摸也還有反應！立刻拿起我的牛仔衣服包著他，一直跟他說話，他還有反應！

一手抱著他，一手騎車，我感覺他的身體愈來愈沈重，開始覺得牛仔襯衫愈來愈濕，我的褲子也濕成一片。我用最快的速度到達醫院，直接將貓放在診療檯，醫生開始下救命針，馬上刺激人中，貓咪這時還有反應，也還有心跳。瞳孔已經放大了，嘴裡跟鼻孔的血一直滴出來。

時間無情地流動著

貓咪的聲音變得很微弱，我持續跟他說話，醫生繼續使用強心針，也一邊幫他按摩心臟，並開始協助他呼吸，伸入喉嚨的氣管都是血，只好先用氧氣罩的方式持續讓他試著呼吸，血還在冒，從鼻孔、從嘴巴中微弱地滴出，醫生給予針劑持續搶救。

貓咪說他有聽到我的聲音，他還想努力……我繼續幫忙按摩，醫生持續嘗試各種方式讓他回來，他的反應在降低，血一直冒，尿也一直滲出來……。

他的意識正在變得稀薄，我試著多講幾句話，他簡單地說「再一次」。

醫生持續給針，前手不行，後腳再試試，還是試著將強心針打進去，針劑堆在肌肉變成一個水球進不去。他的鼻子跟嘴巴還在冒血，他的舌頭褪成紫白色，他的眼睛也不在乎螞蟻爬過……。

「姊姊，我試過了，可以了。」

「真的可以嗎？我還可以做什麼嗎？」

「幫我謝謝跟告訴那個照顧我的人，好嗎？」

「好，我會努力試試看。貓咪不痛了嗎？」

「我叫 Nico 唷，我是漂亮的 Nico！」

「你真的是很漂亮的 Nico，而且你好好摸唷！」

「姊姊，拜拜，這樣死比在路邊好，謝謝你。」

「不客氣，謝謝你讓我遇見你，Nico 拜拜。」

醫生還在試，我手裡還在按摩心臟，他的血也還在滴。

醫生：「他應該內出血很嚴重，肺泡都充血了，真的很難。」

我：「沒關係，他現在應該不痛了，對嗎？」

醫生：「嗯，你送進來的時候，他已經彌留了。」

我：「嗯，他不痛就好。」

醫生持續嘗試，我摸摸他的下巴，跟他說他有多美，他的毛有多好摸，我試著拉出他身上讓他窒息的殘餘感覺，看到他完整的出現。他看著自己的身體，愛憐地舔了一舔自己，也舔舔了我的臉，我的手。

「謝謝你，Nico。」

「姊姊謝謝你，拜拜。」

醫生推估 Nico 被撞到不超過半個小時，他可能是在移動的時候肺泡充血，所以倒在路邊，雖然外觀沒有大傷口，但是以他出血的狀況，估計有內出血，而且應該受到很大的撞擊，才會這麼嚴重……。

尊重生命

其實……我想起咪咪，在單手飆車到醫院的時候，我在內心請求咪咪的幫助。Nico 不是我在外面的貓家人，但是我知道我珍惜這個生命，而我也相信他是有人愛、有貓愛的。所有動物都應該被好好珍惜對待，生命是我所珍惜、視若珍寶的，希望每一個生命都有機會更被人重視。

動物如果能被當成另一種人看待，今天，你撞過他，你會就這樣略過嗎？今天在路邊看到倒地的人，可以打一一九，看到倒地的貓呢？狗呢？鳥呢？如果今天他是一個人，我們的惻隱之心是不是可以更大、更有行動力，我們會更小心地開車，讓意外降低，讓等值的生命都被重視呢？

嘿，如果你們知道該怎麼辦，跟大家說好嗎？不要讓一個生命到最後比塵埃還低，讓他有機會變成土，開出一朵花，好嗎？

最後謝謝林醫生，謝謝你願意搶救這個小孩！

Nico，我有找到照顧你的阿姨，他會再跟另一個照顧你的阿姨說的，你安心去彩虹橋吧，我們會再相會的。

我記住你的毛，你記住我的手，謝謝你，讓我遇見你。

動物救援相關單位

鳥類救援

台灣野生鳥類緊急救助平台：https://www.facebook.com/groups/1618705091745894/

鴿鴿小築：https://www.facebook.com/groups/352496161591596/

中華鳥會（各地野鳥救傷諮詢、收容單位整理）：http://www.bird.org.tw/index.php/rescue/rescue

野生動物救援

屏東科技大學保育類野生動物收容中心：http://ptrc.npust.edu.tw/

野生動物急救站：https://www.facebook.com/wrrc700/

中華鯨豚協會：http://www.whale.org.tw/stranding.html

犬貓救援

推薦各地「動保處」優先處理，一來可以避免爭議，二來也是職責所在。

不然就是大家挑選自己信任的團隊囉！

你是我眼中
最美麗的小星星。

貓，請多指教

用最喵的方式愛你③

作者 Jozy、春花媽
編劇 張毓軒
編輯 吳雅芳、林憶欣
校對 吳雅芳、徐詩淵、鍾宜芳、Jozy、春花媽
封面題字 馬該
封面設計 Jozy
美術設計 曹文甄

發行人 程顯灝
總編輯 呂增娣
主編 徐詩淵
編輯 鍾宜芳、吳雅芳、尤恬
美術主編 劉錦堂
美術編輯 吳靖玟、劉庭安
行銷總監 呂增慧
資深行銷 謝儀方、吳孟蓉
發行部 侯莉莉
財務部 許麗娟、陳美齡
印務 許丁財
出版者 四塊玉文創有限公司

總代理 三友圖書有限公司
地址 106台北市安和路二段二一三號四樓
電話 (02) 2377-4155
傳真 (02) 2377-4355
E-mail service@sanyau.com.tw
郵政劃撥 05844889 三友圖書有限公司

總經銷 大和書報圖書股份有限公司
地址 新北市新莊區五工五路二號
電話 (02) 8990-2588
傳真 (02) 2299-7900

製版印刷 卡樂彩色製版印刷有限公司

初版 二〇一九年六月
定價 新台幣二九〇元
ISBN 978-957-8587-74-8（平裝）

SANYAU
http://www.ju-zi.com.tw
三友圖書
友直 友諒 友多聞

檜沐先
HINOKI
SENSEI
檜 沐 先 生
無水沐浴
讓關係更親近
日本製
日本製/15ml
HINOKI
SENSEI
檜 沐 先 生
天 然 乾 洗 噴 霧
寵物
乾洗
日常
護毛
瞬效
消臭
居家
潔淨
隔離
害蟲
https://www.hinokisensei.com

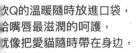

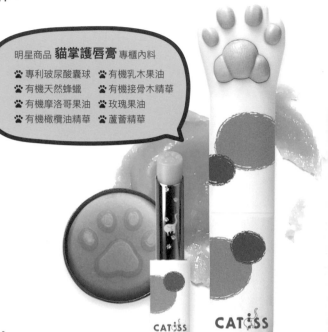

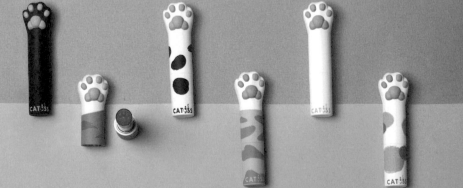

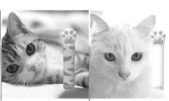